● 北方特色中药材种植技术丛书

农田（非林地）西洋参栽培技术

王英平　李　刚　林红梅　主编

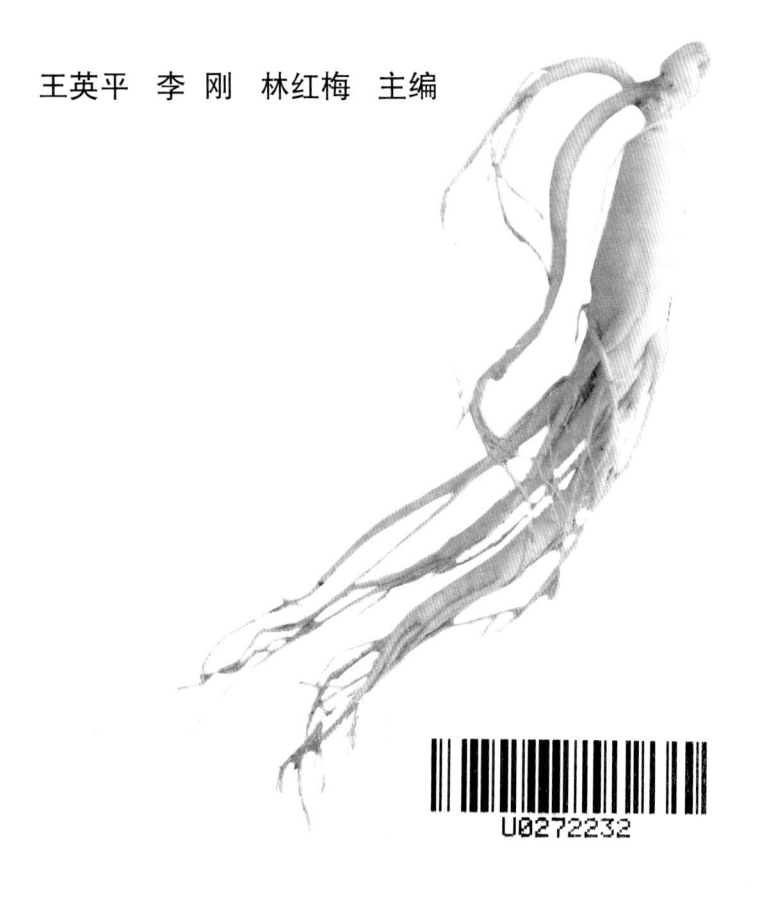

U0272232

中国农业科学技术出版社

图书在版编目 (CIP) 数据

农田（非林地）西洋参栽培技术 / 王英平，李刚，林红梅主编．
－－ 北京：中国农业科学技术出版社，2016.12
（北方特色中药材种植技术丛书）
ISBN 978-7-5116-2927-2

Ⅰ．①农… Ⅱ．①王… ②李… ③林… Ⅲ．①西洋参－栽培
技术 Ⅳ．① S567.5

中国版本图书馆 CIP 数据核字 (2016) 第 307198 号

责任编辑　闫庆健
责任校对　杨丁庆

出 版 者　中国农业科学技术出版社
　　　　　北京市中关村南大街 12 号　邮编：100081
电　　话　(010) 82106632（编辑室）　　(010) 82109702（发行部）
　　　　　(010) 82109703（读者服务部）
传　　真　(010) 82106625
网　　址　http://www.castp.cn
经 销 者　各地新华书店
印 刷 者　北京科信印刷有限公司
开　　本　850mm×1 168mm　　1/32
印　　张　1.75
字　　数　42 千字
版　　次　2016 年 12 月第 1 版　　2016 年 12 月第 1 次印刷
定　　价　15.00 元

《农田（非林地）西洋参栽培技术》
编委会

前 言

　　1975年我国从美国引种栽培西洋参成功以来，目前已在东北、西北和华北等地都有较大面积的栽培，总栽培面积达400公顷（6 000亩）。吉林省长白山区经过近20年的发展，已成为全国的西洋参主产区。靖宇县被命名为中国"西洋参之乡"。

　　随着人们对西洋参需求量的急速增加，西洋参产业也已经成为吉林省林区的支柱产业，然而用于栽培西洋参的林业采伐迹地面积却在急剧减少。因此，非林地栽培西洋参已经成为吉林省人参产业种植业结构调整的重要内容。目前，我国的山东、北京、河北等地农田栽培西洋参得到了长足发展，形成了相当的规模。为此，吉林省西洋参产业工作人员开展了适合本省非林地栽参技术研究工作，经过多年的研究和实践经验积累，非林地栽参技术已基本成熟，截至目前，非林地西洋参栽培技术教材已经形成，现整理汇编成册出版，便于指导非林地种植业户生产优质西洋参，提高经济效益。

　　本教材在编写过程中，受时间、能力、水平所限，难免出现遗漏和不足，敬请广大读者批评指正，以便今后不断充实和完善。

编者

2016年11月

目 录

第一章

西洋参的起源及分布

第一节　西洋参的起源与分布

　　西洋参，又名花旗参，为五加科植物，西洋参原产自北美洲的加拿大南部和美国北部，自然生长于北美洲的五大湖地区，分布于西经67°～125°、北纬31°～47°，即苏必利尔湖、密歇根湖、伊利湖、休伦湖和安大略湖一带。西洋参为野生于北美洲大西洋沿岸原始森林中的古老植物，具有活化石之称。20世纪40年代我国江西庐山植物园曾从加拿大引种，未果。1975年后，我国陆续从美国引进几批种子，分别在吉林、辽宁、黑龙江、陕西、江西、贵州、云南、河北、山东、安徽以及福建等省引种栽培成功，其中东北三省、陕西秦巴山区普遍栽培，尤其是福建、云南等高海拔山区的引种成功，为我国西洋参栽培区域向低纬度范围扩大生产提供了依据。目前在东北、西北和华北等地都有较大面积的栽培，总栽培面积达400公顷（6 000亩）。吉林省长白山区经过近20年的发展，已成为全国西洋参主产区。靖宇县被国家命名为中国的"西洋参之乡"。

第二节　西洋参的药用价值

　　传统中医认为西洋参性寒，味甘微苦，入心、肺、肾经，具有补气养阴、泻火除烦、补肺降火、养胃生津之功能，多用于肺热燥咳、气虚懒言、四肢倦怠、烦躁易怒、热病后伤阴津液亏损等。现代许多临床应用表明，西洋参性平，不寒、不温不躁，可大补五脏，具有双向调节作用，阴虚及阳虚者均可使用而无不良反应，而且一年四季皆可服用，因此可用来调节人体的阴阳平衡，也就是将紊乱的代谢调节到正常水平。

第二章

西洋参的生物学特性

第一节　西洋参的生长环境条件

西洋参原产于北美洲，自然分布于北纬 30°～48°，即加拿大东部和美国的东北部，海拔 100～500 米的低山区。生态环境为以栋树为主的阔叶林带。土壤为森林灰化棕壤或森林棕色土，表层灰褐色，具团粒结构，腐殖质含量高；底层为土黄棕色或棕色的沙质壤土或腐殖质壤土，微酸性。西洋参原产地一年四季寒暑变化不大，夏季不炎热，冬季不严寒，四季雨量充沛。年降雨量在 1 000 毫米左右，具有温带海洋性气候特点。由于长期在以上环境的林下生长发育，形成了西洋参独特的生态类型。要求土壤富含有机质、肥沃、疏松、通透性好、pH 值 5.5～6.5。喜温湿气候，喜散射、漫射光，怕强光和直射阳光。因此，温度、光照、水分、土壤及肥力、纬度与海拔等构成了影响其生长发育的生态因子。

西洋参引种成功后，在吉林、辽宁、北京、陕西等地开始大面积栽培，栽培面积已达 150 多万平方米，形成了东北、华北、华中、低纬度高海拔山区四大栽培区。

一、东北产区

包括吉林省、黑龙江省和辽宁省，该产区位于北纬 40°～45°，海拔 200～1 200 米，属于温带湿润和半湿润气候，年平均气温 2～8℃，年降雨量 600～800 毫米，无霜期 110～150 天，土壤为森林棕壤，pH 值 5.5～7.0。主要利用山地腐殖土栽培，大部分采用单透光棚、双透大棚和全荫棚（较少），土地利用率一般为 44%～50%。

二、华北产区

包括北京、河北、山东、山西等地。位于北纬 35°～40°，海拔 200～800 米以下，属于暖温带湿润和半湿润气候，年平均气温 8～12℃，年降雨量 600～800 毫米，无霜期 150～210 天，土壤为棕壤，多为沙质壤土，pH 值 5～7.8，主要利用农田栽参，大部分地区采用双透高棚和双透矮棚栽培，土地利用率在 70% 以上。

4

三、华中产区

包括陕西、河南等地，位于北纬32°～35°，海拔660～1 800米，属于亚热带湿润气候。年平均气温10～14℃，年降雨量600～1 500毫米，无霜期180～205天，土壤为棕壤，多为沙质壤土，pH值5.5～6.5，利用山地农田土栽培，并少量客入山皮土。采用双透大棚遮阳，雨季加防雨膜，土地利用率60%。

四、低纬度高海拔山区

包括福建大田、德化县的戴云山区、云南的丽江、贵州的贵阳和遵义、江西的庐山、安徽省等山区。位于北纬25°～28°，海拔1 000～3 000米，属于中亚热带湿润气候，年平均气温8.8～15.3℃，年降雨量650～1 600毫米，无霜期160～260天，土壤为山地棕壤、山地黄壤，采用北高南低的斜面全荫高棚、单透棚或双透棚。

第二节　西洋参的植物学特征

西洋参为五加科植物西洋参的干燥根，为多年生草本，由于年生不同，根、茎、叶的形态也不同。

一、根

根与根茎：根可分为主根、支根、须根，根茎（芦头）有茎痕（芦碗）、不定根（芋）。根为肉质，纺锤形，白色微黄。根的形状因年生不同而异，1～3年生的主根多呈圆锥形，4年生以上的主根呈纺锤形，多有分支。根上有深浅粗细不等的横皱纹，在须根上有瘤状突起。根茎为主根与茎的交接处有一个盘节状的地下茎根茎，俗称"芦头"。茎叶枯萎后会在根茎上遗留下一个凹下的月牙形茎痕，俗称"芦碗"，茎痕数量随着参苗年龄的增加而增多，因此可根据茎痕的数目来判断西洋参的年龄，如4年生的西洋参有3个茎痕。根茎上生长有不定根，俗称"芋"。

秋季根茎上端侧面会生有越冬芽，俗称"芽孢"或"胎胞"，越冬芽白色，呈"鹰嘴"状，被大小不等的5~6片半透明椭圆形鳞片包围着，里面是地上部分（茎、叶、花序）的原始体和未发育完全的芽。另外在根茎的每一节都有未分化的休眠芽。

二、茎

西洋参为多年生宿根性草本植物，茎直立，圆柱形，光滑无毛，茎的高低依年龄不同而异，1年生参高7厘米左右，2~3年生参苗高10~20厘米，4~5年生参苗高25~60厘米。茎多呈紫色，少绿色。

三、叶

掌状复叶。通常1年生苗由3片小叶组成一枚掌状复叶，着生于茎的顶端，称为三花；2年生苗中，一部分参苗为具有5枚小叶组成掌状复叶，俗称为"巴掌"；另一部分为具有2枚复叶组成，复叶柄着生于茎的顶端，称为"二甲子"；3年生以上参苗3~5枚掌状复叶，复叶柄着于茎顶端，轮生。掌状复叶的小叶着生于小叶柄上，小叶柄生于复叶柄上。复叶柄圆形，紫绿色，伸长。小叶片倒卵形或长椭圆形，较薄，膜质，大小因年龄和部位不同而异，一般叶长多为3~20厘米，宽2.5~12厘米。掌状复叶中间叶片最大，两边的叶片次之，最下两片叶最小。叶片先端突尖，边缘具不规则的粗锯齿，基部楔形，生长初期叶面叶脉处有稀疏刺毛，白色。小叶柄扁压状，长0.3~5厘米，最下两个小叶片近于无柄或很短。

四、花

西洋参3年生开花结果，少数植株2年生时可开花结果。西洋参开花前一年夏季芽孢开始分化发育成花芽，第二年总花轴由茎顶端复叶柄中央抽出，花轴多较叶柄稍长或近于等长，顶端生有聚伞形花序，直径约2厘米。花多数，每朵小花各具一细短花梗，其基部有卵形小包片1枚；花萼筒基部亦有三角形小包片1枚，花萼绿色，钟状，先端齿裂5个，裂片钝头，雄蕊 5 枚，与花瓣互生；花丝基部稍宽，花药卵形至圆形，近于基着，花柱二裂，上部呈 X 状，下部合生，子房下位 1 个，2 室，各室含 1 枚倒生胚珠；花盘肉质，杯状。

五、果实和种子

西洋参果实为扁圆形浆果状核果，直径 0.7 ~ 1.0 厘米，初生时绿色，成熟时鲜红色，果柄伸长，一个果实内通常含种子 2 粒，少有 1 粒或 3 粒者。种子白色，近肾脏形，长约 0.7 厘米，宽约 0.5 厘米，厚 0.37 厘米，种皮（实为内果皮）坚硬、粗糙、无明显皱纹。

第二章
采集

第一节　种植区域的选择

首先要考虑当地的生态环境和气候条件。生态环境主要指大气、水质、土壤等环境不能有污染，周边不能有化工厂、钢铁厂、水泥厂等有污染的有害、有毒的物质及烟尘、粉尘等。水质也要符合国家标准，不能含有有害、有毒物质。土壤也没有受到人为的污染，农药及重金属残留不能超标；气候条件主要看是否适合西洋参的生长。重点考虑气温（年平均气温、最高气温和最低气温）、无霜期、年降水量、空气湿度、常年风力和风向等。另外，还要考虑全年的低温期（0℃以下）时间。这里提供一组集安的数据为例供参考，集安市年平均气温为7.5℃，年极端最高气温为37.7℃，年极端最低气温29.6℃，每年7月温度最高为23.5℃，1月温度最低，平均气温 –11.9℃，冬季0℃以下气温要在3个月以上，集安年降雨量为881.5毫米，其中5—9月为689.7毫米，占全年降水量的78%。集安全年平均风速为1.6米/秒，风力8级以上的大风很少出现。

第二节　种植地块的选择

一、土质

选择有机质含量在3%以上、耕层20厘米以上、土质疏松肥沃、团粒结构良好的壤土或砂壤土。底土为活黄土的壤土和砂壤土较好，这样的土不黏，有利于保持水分。含砂量大些的适宜于培植大年生西洋参，细油砂土地适合西洋参育苗，黑油砂土地好于纯黑土地，黄土多的地土壤黏性大、易板结，不适合种植西洋参。旱垄道地和地下出水（串皮水）地不适合种植西洋参。

二、前茬作物

前茬作物以玉米、小麦等禾本科作物或苏子为宜。前茬大豆、花生等西洋参易发生根结线虫病，并且豆科作物使用的田间除草剂残留期较长，对西洋参有一定的危害。所以，以豆科为前茬的地种植西洋参最好休闲2年以上。瓜果蔬菜为前茬的地不适合种植西洋参。五味子地、葡萄地、果园地、烟草地种植西洋参也最好经过2年以上的休闲改良。

三、土壤 pH 值

所选农田地 pH 值在 4.8～6.5 均可，以 pH 值 5.5～6.5 为宜。pH 值大于 7 的盐碱地不能种植西洋参。

四、土壤及环境质量

地块初选后要及时采集土样，分别进行农药残留、重金属、有机质、酸碱度检测和养分（氮、磷、钾、钙、镁、锌、铁、锰）测定，并以此作为选地和土壤改良及施肥依据。土质要检测的项目有六六六、滴滴涕、五氯硝基苯及铅、镉、砷、汞等重金属等，超标的地块不能选用。大气环境质量应符合 GB 3095 环境空气质量标准；土壤质量应符合 GB 15618 二级土壤质量标准，土壤农残要求要不超标；灌溉用水应符合 GB 5084 农田灌溉水二级质量标准。

五、排水

西洋参种植地雨季集中排水量较大，要求参地的排水通畅，不能给周边土地、农户、道路等带来影响。

六、坡向与坡度

以东朝阳的坡向为最好，西朝阳坡向较差；北坡土壤较肥沃，土壤水分较好；南坡土壤往往较贫瘠，夏季容易缺水干旱，尤其是坡顶部。总体上看与坡向关系不大，各种坡向均可利用。坡度要以能排出水为宜，一般认为 5°～15° 的坡度较适于种参。坡度过大容易造成水土流失，不方便作业；坡度小的排水不畅，雨季易产生涝灾。坡度、坡向的不同，选择遮阳材料时要有所注意，总的原则是西朝阳坡比东朝阳坡的光照要小。

七、风力

种植西洋参需要搭设遮阳棚，大风不利于生产，所以选地时要考虑当地的风力、风向问题，避开风口或挡防风杖。一般靠近海边或者平原地区风力较大，在选地时应引起重视。选地时还应注意生产田通风情况，单块地面积过大会影响田间通风，所以，连片的地块不宜过大，一般以 50 ~ 100 亩（15 亩 = 1 公顷；1 亩 ≈ 667 平方米。全书同）作为一个生产单位较好。

八、周边除草剂有害物质的飘逸问题

选地时要注意周边大面积集中使用除草剂和工业生产排放的有害物质对西洋参的危害，要尽量避开或生产中采取必要的防护措施。

九、交通

运输、生产用水要方便。

十、土地成本和质量

土地租金要合情合理，一般每公顷在 600 ~ 800 元。土地质量主要是要看土地平整的难易程度，梯田多、石头多的地块会增加土地平整用工，从而增加生产成本。

第四章

土壤改良

农田种植西洋参土壤改良是关键。农田地多年种植农作物，有害生物病原菌、虫卵较多，多年施入大量的化肥，土壤含盐量增加，酸性增强，有机质含量减少，土壤通透性差，易板结，这些都不利于西洋参的生长，所以土壤改良显得十分必要。土壤改良有三个重要环节。

第一节　提高土壤有机质，改善土壤理化性状

一、施有机肥或秸秆还田

土壤改良首先要施入大量的有机肥或实行秸秆还田。有机肥的种类，鸡粪、猪粪、鹿粪、羊粪等均可，一般每亩用量在 2 吨或 3～5 立方米。当年秋天播栽的一定要施用发酵好的有机肥，第二年秋天播栽的可以施用未经发酵的有机肥。秸秆还田可在早春先将玉米秸秆铡碎，然后均匀地撒入地里并翻入土中，经过一个夏季的自然腐烂，即可达到腐熟的要求。

二、种植绿肥

以种苏子为主，也可以种植玉米、小麦等。种苏子的好处是不但可以提高土壤有机质含量、增加肥力，而且还具有驱虫的作用。种苏子宜早不宜晚，用种量一般每亩 0.5～1 千克即可，7 月下旬前翻入土中。

三、多次深翻耕旋耕

耕翻的深度以 40 厘米为宜。过深时将太多的生土翻上来，而且浪费机械作业时的燃油量；过浅做床后畦床高度不够。多次深翻旋耕是为了将土壤与空气和阳光充分接触，起到熟化土壤和紫外线杀菌的作用。耕翻时要横竖交叉进行，不留死角和空格（图 4-1-1）。

图 4-1-1 多次耕翻土地

13

雨季或雨前要横坡耕翻，减少旋耕，以避免造成严重的水土流失。

第二节　杀菌灭虫

一、多次深翻旋耕

靠太阳光紫外线杀灭病原菌及虫卵。

二、施入生石灰

施入生石灰一是可以调节土壤的酸碱度；二是可以增加土壤钙质，利于土壤团粒结构的形成；三是具有一定的杀菌抑菌作用。白灰的施用宜早不宜晚，不能在马上用地时进行。用量要根据土质和土壤pH值而定，一般在每亩100千克左右。

三、施入多菌灵与辛硫磷

多菌灵和辛硫磷是广谱土壤杀菌杀虫剂，既有效又安全，符合国家有关规定。多菌灵要选用品牌产品，含量为50%的每亩用量为5千克；辛硫磷可选用3%的颗粒剂，每亩用量6千克，辛硫磷颗粒剂一是使用方法简单，二是有效期较长，这两种药剂可以同时施用，施用时期应在施完有机肥后、使用生物菌肥前施用。

第三节　集中施底肥，引入有益生物菌

在做床前进行集中施入底肥。底肥的原料主要有：充分发酵好的有机肥、饼粉、豆面、玉米面、炒熟的苏子、矿质钾肥、钙镁磷肥、磷酸二铵及有益生物菌（主要有激抗菌5406、酵素菌、EM、芽孢杆菌等）。这些原料要有科学的配比，混配方法也非常重要。具体用量：一般情况下应保证有益生物菌剂15千克/亩、饼粉或豆面、玉米面、苏子75千克/亩及适量的磷钾肥，可以与发酵好的有机肥混配。

第五章

做床

第一节　做床方向

顺坡做床，根据地势以排水为主。

第二节　做床规格

一、床高

床高一般为 30～40 厘米。坡度大的可以稍矮些，平坦地块可以稍高些；含砂量大易干旱地块可以矮些，排水不畅、透水性差的可以稍高些。

二、床宽

山地床宽 1.5～1.8 米，作业道宽 0.5～1.2 米，参床宽较宽、作业道窄，有利于提高土地利用率，但不方便作业，参床中间容易缺水干旱，通风不好。我们按 1.3 米宽做床，作业道宽 0.7 米，土地利用率为 65%，每亩地绿色面积可达 400 平方米（30 帘）。这样既提高了土地利用率、有利于参苗生长，又方便机械化作业。

三、床长

参床的长度因地形地势而定，既要考虑排水，也要考虑到通风状况，一般以 40～50 米为宜。

伏床时间应在播栽前 10 天左右进行。同时做好排水磴，四周挖好排水沟（图 5-2-1）。

图 5-2-1　待播种参床

第六章

播种

第一节　种子的选择

西洋参比较适合农田种植。农田种植西洋参，首先要选择适合农田种植的西洋参品种，如"中农洋参1号"，其特点是适合农田种植、生长速度快、产量高、抗病性强、有效成分含量高。其次要选用经处理裂口率高的西洋参种子，西洋参种子具有特殊的生理习性，成熟后必须经过特殊的处理才能完成形态后熟，形态后熟后还必须经过3个月的低温期才能完成生理后熟，完成生理后熟的种子播种并在适宜的温度和水分条件下才能出苗。所以，秋播的西洋参种子必须经过人工处理裂口后才能播种。春播的西洋参种子也必须经过3个月的低温处理后才能播种。根据西洋参种子的这一特性，决定了西洋参自然分布及引种区域的局限性。西洋参种子处理要可能需要人工调节温度、控制适宜的水分，以保证裂口。最后，西洋参播种前要进行种子包衣，其目的是防治西洋参苗期病虫害。包衣前先用50%多菌灵500倍液漂洗种子，除去瘪籽及泥沙，晾至表皮无水，然后开始进行包衣。包衣方法是用适乐时100毫升，对水300~500毫升，搅拌25千克裂口籽。包衣后的种子放置于阴凉处，晾去表皮水分，减少种子的含水量，减少苗期立枯病。

第二节　种子贮藏与处理

西洋参种子具有缓慢发育特性。刚采收的未经催芽处理的种子，播种后不会马上出苗，必须经过催芽处理，完成形态和生理后熟，播种后才能出苗。对于采收或购买的西洋参种子，要作选种、测定生活力和催芽处理。

一、选种及种子活力测定

选种目的是清除不饱满的种子，以便保证种子质量，使催芽处理时能够裂口较为一致。催芽处理前还要检测其生活力，可采用用"红四氮唑"染色法测定，西洋参种子生活力测定需5~24小时，该方法受环境

农田（非林地）西洋参栽培技术

影响较小，结果准确。具体方法如下：

1.选取样品

取种子样品 200 粒，用冷水浸泡 1～2 昼夜，或用 50℃ 水浸泡 5～6 小时，随机取出 200 粒，分成 2 组，每组 100 粒。将泡好的种子用刀片沿着内果皮结合痕均匀切成两瓣，使胚和胚乳均匀分开，选留其中较完整的一瓣放入试管或培养皿中，待浸药液。

2.药物浸种

将配好的 0.1% 的红四氮唑试剂，小心地倒入试管或培养皿中，轻轻搅动几下，使种子完全浸于药液中，置恒温 35～40℃ 下 3 小时即可充分着色，然后取出并倒出药液，用清水冲洗种子，把种子放在吸湿纸上并立即检查，凡是胚乳着色者为有生活力的种子。根据着色数计算百分率，两观察值的均数即为所测种子的生活力。当所测样品中无生活力种子占 60% 以上，则可认为该种子已经失去利用价值。

二、种子消毒

西洋参种子表面常常带有各种病原菌，造成在催芽处理过程中和播种后引起烂种或幼苗发生病害。一般用 50% 多菌灵 500 倍液或 65% 代森锰锌 600 倍液浸种消毒 10 分钟左右，捞出后晾至表面无水时，即可进行催芽处理。

三、人工催芽

在美国，西洋参种子采收后要进行 18 个月的埋藏处理，待裂口后播种。具体方法是：将种子与沙子按体积比 1∶1 拌匀，装入箱框内，上下用铁丝网封盖防鼠害。选择排水良好且凉爽的地块挖坑，底部用沙石垫起，放入种子箱。为防止催芽箱内失水干燥，箱上可覆盖腐殖土，保持一定的湿度，上面搭设遮阳棚。埋藏的种子每月检查 1 次并上下翻动，以调节水分和温度状况。湿度大时将种子筛出，阴干至水分适宜后再埋藏；湿度小时，用喷雾器喷水后倒匀，待种子完全裂口后播种。

在我国，果实红熟采收后，搓去果皮及果肉，用清水淘洗数次，漂去果皮及瘪粒，捞出后稍干，用种重 0.3% 的多菌灵等农药拌种，再将种子混拌在河沙或沙土中（河沙：腐殖土 =1 ∶ 2；河沙或沙土：种子 =3 ∶ 1）置于木箱（箱高 50 厘米，宽 40 厘米）或泥盆里下面铺沙（沙土）5 厘米，上面盖沙（沙土）10 厘米，放在适宜的温度和湿度条件下进行催芽处理。为了防止箱内温、湿度剧烈变化，木箱或盆外围再套一个外框，木箱与外框间距 15 ~ 20 厘米，中间用沙土填实。

四、种子处理期间管理

1. 倒种

为控制种层上下温度、水分及通气条件，保持种胚发育一致，应定期倒种。裂口前（形态后熟期）每隔 10 ~ 15 天倒种 1 次，裂口后每隔 7 ~ 10 天倒种 1 次，直到秋播或冬贮为止。

2. 倒种方法

将种子从箱内取出，筛去沙土，挑出霉烂粒。沙土过湿可放阴处晾去多余的水分，不宜强光暴晒，待水分适宜时，照原样装箱，放回原处。

（1）调水。种子在处理期间要经常检查水分状态，以保持适宜的水分条件。水分不足，可在倒种的前一天浇水，浇水量以使水层达到种子层 1/3 为宜，第 2 天倒种，调匀整个种子层水分。适宜的水分含量标准：裂口前 13% ~ 15%，裂口后 10% 左右。

（2）调温。温度是促进种子后熟的重要条件，裂口前种层适宜温度为 16 ~ 20℃，裂口后为 13 ~ 15℃。温度高于 20℃种胚发育迟缓，25℃以上时可能引起烂种。

（3）搭设遮阳棚。为防止强光暴晒造成温度过高和雨水进入种子层引起烂种，在种子催芽处要架设北高南低、东西走向的遮阳棚，棚四周挖好排水沟，防止雨水浸入。

五、种子越冬与贮藏

1. 冷冻贮藏

完成形态后熟（胚长达到 4 毫米以上，胚率在 80% 以上）的裂口种子，往往因故未能进行正常的秋播，尚须贮存至翌年春季春播，为避免种子播前出芽报废，要进行冷冻埋藏。具体方法：在土壤封冻前，选择阴凉、地势较高的地块，挖深50厘米的平底坑，坑内及取出来的土壤，用落叶、锯末等物充填盖严，防止土壤结冻，待大地上层结冻、深度达到5厘米时（约11月中旬），取出坑内充填物，将种子与干净的沙子按1：2的体积配比，混拌均匀，装入箱内，下铺底沙5厘米，上盖沙10厘米，木箱上用木板钉严，箱壁外围用铁丝网封闭防止鼠害，坑内大箱用砖石垫起20厘米，箱口略高出地面，上铺农膜，其上培土35～40厘米，培土范围适当扩大并踏实，浇水封冻表土层后用锯末或落叶覆盖10～15厘米，上面用草帘盖好，四周挖好排水沟。

2. 低温窖藏

有时种子常常因为处理时间过晚，或在催芽期间温度、水分管理不当等原因，影响了种胚发育进程，这种情况下，就必须在冬季于室内继续进行种子催芽处理，直到种子全部裂口并完成形态后熟之后，再进行0～5℃的低温贮藏，这样做既可以顺利通过种子低温生理后熟，又可防止种子发芽，保证春季适时播种。这样的种子不可以采用冷冻埋藏，由于温度变化剧烈易招致冻害脱水而烂种。

方法：选择地势较高的背阴地，挖深7米的土窖，窖内四周用木杆搭成40厘米宽的空心框架，其内部用冰块充填。为了减少冰块融化和避免空气流动，四周的冰块用农膜封严，顶部用锯末盖10厘米，构成"低温窖"。种子装箱，放在冰房下面的冰块上，窖门用农膜或棉帘堵严。这种低温窖温度一般应控制在–1～3℃，翌春床土解冻后（4月下旬），取出过筛播种。此法简便易行，安全稳妥。

第三节　播种时期及播种方式

播种时间，以秋播为最好。秋播适播期长，但需要增加田间管理作业。春播适播期短，因此要适当早播。春播土温高，出苗快，病害少。春播一定要用裂口并经过低温处理、通过生理后熟的种子，播种后要及时覆盖保墒，防止芽干。

一、西洋参育苗播种

育苗地宜选择土壤肥沃、土层厚的油砂土地块。从区域上考虑，应选择温度偏高的区域，同一区域宜选择背阴坡，原因是需要春季移栽时，阳坡的参栽会过早萌动，而移植目的地可能还尚未解冻而不宜栽参。

1 年育苗采取 3 厘米 ×5 厘米点播或撒播。撒播时，床面要做成床间略高于床边的凸形，将种子均匀撒在床面上，用木滚子镇压后覆土。覆土厚度因土质而异，一般在 3 厘米左右，砂性大的可稍厚些，土壤坚实、黏性大的可浅些。覆土后床面喷施恶霉灵，0.6 ~ 0.8 克 / 平方米，最后用铡碎的玉米秸或稻草覆盖 3 ~ 4 厘米保墒。要坚持浅覆土厚覆盖的原则。种子即将破土时架遮阳棚，同时撤掉床面覆盖物。

2 年育苗要采取点播的方式，株、行距为 4 厘米 ×8 厘米。

二、西洋参直生根和西洋参播种

西洋参播种最好为点播，播种时压印器压好印，每个眼放 1 粒种子。压印器压印深度以保证覆土时种子不移位为准，压印过深坑底土壤会被压实，人为造成土板结发硬，同时抬起压印器后坑边沿的土壤容易因塌陷而回填入坑内，造成播种深浅不一致；压印过浅则覆土时参籽容易被下落的土壤推走移位，造成播种间距不均匀。土壤松紧度和水分不同，压印深度会有区别（图 6-3-1，图 6-3-2）。播种后用木耙覆土，要掌握种子以上盖土厚度 3 ~ 4 厘米。采用播种机播种可提高播种效率，

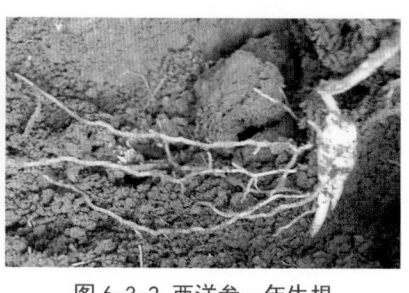

图 6-3-1 西洋参播种　　　　　　图 6-3-2 西洋参一年生根

播种深度均匀一致，出苗整齐。播种后用恶毒灵床面消毒并进行覆盖。4年直生根株、行距为5厘米×18厘米，5年直生根株、行距为5厘米×20厘米。

第四节　覆土与覆盖

覆土3~4厘米后，床面还要再覆盖锉碎的玉米秸秆或稻草4~5厘米。土壤温度好、湿度小或容易干旱的地块，春天出苗前撤掉一部分，留3厘米的覆盖物；土壤温度较差、湿度较大的地块，小苗出土前要及早架好遮阳棚，随即撤除全部覆盖物，以尽快提高地温，促进出苗，减轻苗期病害（图6-4-1）。

图 6-4-1　播种后床面覆盖

移栽

第七章

第一节　移栽目的

移栽是培育高档参的重要措施。经过移栽的西洋参，产品根型好，单支重量大，且比较均匀，商品价值较高。

第二节　移栽地的选择

西洋参移栽地，要选择土壤排水良好、有一定坡度、含砂量较大的地块。土壤改良过程中最好休闲 2 年以上，即使用隔年土。移栽地土壤墒情要好，水分不能过大。

第三节　移栽用肥的选择

移栽用肥以充分发酵的有机肥、饼肥、生物菌肥为主，不能用速效氮肥，施肥尽量提前，使肥料与土壤充分融合。

第四节　移栽时间

秋栽、春栽均可，但各有利弊。秋栽适栽期长，第二年春出苗早，苗壮，但增加越冬防寒成本。春栽出苗率高，但季节性较强，适栽期短，出苗后长势稍差。

第五节　参栽准备

移栽时要做到随起随栽。选择芽胞大而饱满、芽胞完好、无病、无伤、健壮、主根长、须根健全的参作为参栽子。1 年生参苗要求根长 10 厘米以上，单支重 0.5 克以上，挑选时将主根上的毛须掐掉（俗称"下须"）；2 年苗主根长 10 厘米以上，根长 15 厘米以上，单支在 4 克以上，挑选时要将主根上的毛须及不定根（即"芋"）掐掉（俗称"下芋"）。挑选参栽的同时，还要将参栽按大小分成几个等级，相同等级的参栽合并栽植。"下须"和"下艿"时要留茬，粗的须或艿留长些，细的须或艿留短些。参苗移栽前可用生物菌肥浸泡 10～15 分钟，晾干参栽表皮水分后移栽。

第六节　移栽方式

分平栽、斜栽和立栽。平栽时参苗摆放方向与床面平行；斜栽时参苗与床面呈一定角度摆放，且芽胞一头接近床面、须根一头离床面远些；立栽时参苗与床面垂直，很少采用。平栽在土壤水分充足、土壤温度差的阴坡地多用，阳坡、尤其是阳坡上部的地块不宜采用；由于参根所处位置离床面较浅，土壤水分受外界影响较大，参苗容易因土壤干旱而影响生长，不耐旱。斜栽在土壤水分适宜、土壤温度较好的地块采用；由于参根所处位置离床面较深，有利于利用参床较为深层的土壤水分，参根所处位置受外界影响较小，较平栽耐旱，是最为常用的栽参方式。

移栽时先将栽参尺摆在床面，然后在床上用栽参板或铁板锹开槽，将参苗芽胞朝向栽参尺均匀地摆在槽底，然后覆土。覆平土后，按行距移动栽参尺，开槽栽植下行。栽完苗的参床，要用栽参木耙子搂平床面，用恶霉灵等进行床面消毒，用量 0.6～0.8 克／平方米，最后，床面用铡碎的玉米秸秆或稻草覆盖 4～5 厘米。

斜栽时槽底要与床面有一定角度，角度的大小视土壤湿度和温度而定，一般为 30°～60°，参苗摆放时芦头朝床面、须根远离床面。参苗摆放时，要注意将芽胞整齐地摆放在一条线上，以保证参苗栽植深浅一致、出苗整齐。

摆放参栽时，要注意捋直支根和须根，床边处参苗的须根要略向床内倾斜，以防受旱；支根和参须要均匀地摆放，不要稀疏不均或挤在一起，以利于均衡地吸收土壤营养。覆土时，要先将参苗用少量的土压住，注意不要让摆好的参苗移位，也不要跷腿或跷须，然后再正式覆土。

移栽株、行距，1 年生 8 厘米 ×20 厘米，2 年生 10 厘米 ×22 厘米。覆土厚度依据参苗年生和大小而异，小年生、小参苗覆土宜浅，大年生、大苗覆土可厚些，一般覆土厚度为 3～5 厘米。

第八章 搭设阴棚

第一节 棚 式

采用复式棚（图7-1-1）。实践证明复式棚非常适合农田西洋参栽培。棚式结构见示意图（单位：厘米）。

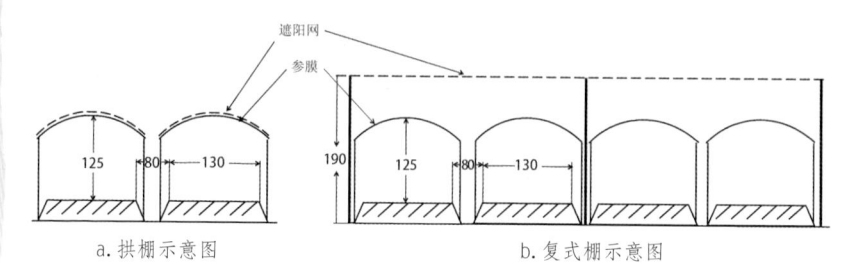

图 7-1-1 棚式结构

第二节 主要材料准备

一、立柱

选用6厘米×8厘米的水泥柱或小头直径为6～8厘米的硬杂木或落叶松杆，长度为2.4米。

二、参杈

用硬杂木直接劈成杈子或用落叶松木头加工成3.5厘米×4.5厘米的木方，长度1.3米。

三、拱条

用竹匹子，长2.6米，宽不小于3厘米，厚不少于0.3厘米。为了降低生产成本，也可用直径为8～10毫米的圆钢撅成拱形直接代替杈子和拱条。

四、遮阳网

复式大棚遮阳网遮光度为60%，宽度因畦床及作业道宽而定，一般为410～430厘米。拱棚调光网，遮光度为40%，宽度220厘米。

28

五、参膜

选用西洋参专用膜，要求抗老化性能要好，颜色以蓝色为主。目前正在试验推广黄膜，厚度为 0.06～0.08 毫米，宽度为 2.2 米。

六、铁线

托网铁线用 14 号钢线，拉线用 10 号铁线，绑竹匹子用 18 号镀锌铁线，绑网用 22 号镀锌铁线，固定参膜用抗老化尼龙网绳。

第三节　搭棚时间

一、埋立柱

要抢在秋季播栽以后、上冻前埋完，以便于翌年化冻前能拉好复式棚的横线。

二、下杈子、绑架子

早春化冻后进行。

三、上参膜及遮阳网

陈栽参出苗前上参膜，6 月初上遮阳网；新栽参苗及播种地先上遮阳网，参苗出齐后再上参膜。

第四节　搭棚方法

杈子要下在床帮 1/2 处，要钉实，高度一致，呈一条直线；竹匹子要绑牢，棚拱高距床面 125 厘米；立柱要埋牢，相邻的立柱横竖要在一条直线上，立柱顶端穿铁线小孔与池床方向垂直；托遮阳网铁线要拉直绷紧，遮阳网要拉平绷紧，四周下搭 1 米；拱棚参膜要拉紧绑牢，棚两头参膜不能下垂，以利通风。

第九章

田间管理

第一节　防桃花水

早春积雪融化时，要及时清理礤（类似于梯田的等高线拦水土坝）与排水沟，尤其是下池头作业道的积雪，可以通过人工踩蹚的方法，使融化的雪水及时得到排除，可有效减少西洋参根病，提高出苗率。

第二节　挖作业道与拍床帮

早春化冻后作业道土壤比较疏松，陈栽地要及时清理作业道，提高池床高度，使之排水通畅；新栽地早春或雨季也要及时清理作业道，拍好床帮。

第三节　床面消毒

播种地和新栽地秋季已进行床面消毒的，要松一下覆盖物及床面松一下。陈栽地要撤除覆盖物，用小耙松土，然后进行床面消毒，床面在阳光下晒几天后再盖上覆盖物。床面晒太阳可以利用太阳光来杀菌减少病害，提高地温，促进出苗，降低土壤水分，减少立枯病和菌核病。

床面消毒用药，根据参龄和上年度发病情况不同而采取不同的药剂。常用的有恶霉灵、甲霜灵、多菌灵、丙环唑、菌核净、代森铵等，床面消毒用药浓度要大些，利于杀菌。

第四节　除　草

以人工除草为主，要拔早、拔小。要特别注意，拔草时不能带出参苗。出苗前可抓住时机喷一遍克无踪除草剂，参地周边也可用克无踪清除杂草。出苗后可用拿扑净杀死禾本科杂草。参地使用除草剂一定要特别谨慎，一定要掌握好用药时机。

第五节　掐花与留种

对于 3 年生以上的西洋参，除留种田外，要全部摘除花序头，俗称"下头"或"掐花"，掐花要在花蕾开花前、花梗木质化前进行。要选择晴天时"下头"，"下头"后要及时喷一遍农药。留种田要加强水肥管理，开花坐果期要减少光照，避免高温，可增加一层遮阳网，用药时要避开对开花坐果有影响的药剂。

第六节　病虫害防治

一、病虫害防治的原则

1. 要贯彻以防为主、防控结合的原则

植物一旦感染了病害，受到伤害后是无法修复的，只能控制病害的发展，有时甚至很难控制。因此，首先要为西洋参创造适合其生长的小气候环境条件，包括良好的土壤、施肥、水分、光照、通风，要搞好田间管理，防患于未然。栽培品种要选择已登记品种，选择正规大企业的品牌产品。

2. 做好预防

根据西洋参物候期、环境条件、西洋参发病特点，做好生育期预防打药。

3. 科学诊断

西洋参发病后，首先靠感观判断，对于不好鉴别的病害，可以通过镜检来诊断，然后对症下药。

4. 安全用药

留种田开花期应严格选用农药，要避免喷施代森锰锌、丙环唑、咪鲜胺类等会影响开花坐果的农药。

5. 规范操作

配药浓度要准确，要采用二次稀释法，搅拌均匀，尤其是注意不能

有沉淀，打药时速度要均匀，不能重复打药，避开炎热的高温时期，气温超过 30 摄氏度以上时不能打药。对非内吸剂型农药，打药时要注意叶片正反面都要着药。以叶片上雾滴密布、相互间又不融合为标准，雾滴相互间融合为过量的表现，叶尖滴水为严重过量。

二、侵染性病害的防治

常见的侵染性病害有立枯病、灰霉病、黑斑病、疫病、菌核病、锈腐病等，具体防治措施参照林地西洋参栽培。

三、主要非侵染性病害的防治

1. 缓阳冻

缓阳冻是由于越冬防寒措施不当及冬季极端气候不利引起的。阳坡、含砂量大的漏风地及土壤水分过高的地块易发生缓阳冻害。缓阳冻害的症状，初期参根呈水煮状发软，后期腐烂。预防措施：要控制参床土壤水分、提早覆盖、适时覆膜、早春及时撤掉防寒物。

2. 早春冻害

早春冻害是指西洋参出苗前期因气温骤降引起的冻害。受害的参苗茎叶呈深绿色、畸形、花蕾发白，严重影响开花结实。预防措施：不过早撤除防寒物，防止早春土壤升温过快，延迟出苗期，出苗时及时上参膜。

3. 夏季热害

炎热的夏季，温度过高（34℃以上）时，参苗会因高温造成的生理病害，表现为叶片发白、干枯，雨后空气湿度大时极易感染病害，严重影响西洋参的生长发育。预防措施：高温来临前加强通风、降低光照。可以打开大棚四周及过道上的遮阳网、打开参棚的两头堵头塑料布，以利于通风降温；在参棚上加一层遮阳网或喷洒遮阴调光剂。高温季节要特别注意减少打药次数、降低药剂浓度、减少用药量。

4. 缺素症

缺素症是农田栽参经常发生的生理病害，是由于生长期环境中缺乏某种必需的营养元素引起的，也有施肥不当造成的。缺素症的症状主要表现为叶部变色。防治措施：坚持土壤检测、平衡施肥、早期诊断、及时补充的原则。

第七节　肥料管理

一、西洋参施肥原则

西洋参种植业尚处于发展阶段。实验证明，施肥可大幅度提高西洋参的产量，可增产 6%～50%，种子产量提高 12%～39.2%，参根产量增加 7.8%～21.8%。以追施农家肥为主，适当添加化肥。

二、施肥种类

肥料从成分和性质上可以分为生物菌肥、有机肥、无机肥和有机、无机复混肥。

1. 无机肥

无机肥就是我们常说的化肥，如撒可富西洋参肥、红三角、撒可富、二铵、硫酸钾、过磷酸钙等。化学肥料的优点：①养分含量高，施用量少而增产效果大；②肥效快而且显著。化学肥料大多易溶于水，施入土壤中易被植物吸收利用。缺点：①肥效不持久；②会造成土壤养分失调，土壤结构遭到破坏，土壤板结；③化肥的过量和养分不平衡施用往往造成西洋参烂根、烧须等不良现象；④引起土壤 pH 值变化，进而影响作物的正常生长发育。

2. 有机肥

有机肥是指含有大量有机物质的肥料。例如，粪肥、豆饼、绿肥等。优点：①养分全面。有机物质主要来源于植物残体、粪尿等，植物所需营养都有；②肥效稳定持久。有机肥料所含养分，大多以有机化合物状态存在着，必须经微生物分解转化才能被植物吸收，所以肥效稳定持久；③能改良土壤性质，促进微生物的活动。有机肥中含有丰富的有机质，它是土壤腐殖质的重要来源，腐殖质对促进土壤团粒结构、改良土壤性质、提高土壤肥力有重要作用；④有机肥料还能提供土壤微生物生命活动所需的能源和养料，因此能改良土壤性质，还能促进微生物的活动。缺点：氮磷钾含量低，肥效迟缓，未彻底腐熟的肥料易伤根。

3. 生物菌肥

生物菌肥是以土壤中有益微生物制成的肥料。菌肥本身并不含大量营养元素，而是通过微生物的生命活动，来提高土壤肥力和改善植物的营养条件。优点：①参与养分的转化，将有机质转化成植物可直接吸收的物质；②促进植物对养分的吸收，分泌各种激素刺激植物根系发育，促进植物生长；③抑制有害微生物活动；④增加植物的抗病力等。缺点：菌肥只是一种辅助性肥料，它不能单纯施用，一定要与有机肥和化肥配合施用。

三、西洋参的需肥特点

西洋参是多年生宿根性植物，喜钾肥，它对钾的吸收量远远大于氮和磷，钾肥是决定西洋参高产与否的重要因素。随着参龄的增加，需肥量也随之增加，以 4～5 年生需要量最高。追施钾肥会提高光合作用，茎秆强壮，促进根系发育，延缓衰老，提高产量和品质。氮能促进叶绿素的形成和茎叶的生长，使参苗植株高大；磷可促进西洋参根系发育，使参籽饱满，增强抗寒、抗旱、抗盐碱能力。

施肥时要注意配比合理，选用含氮磷钾比例适宜的肥料。西洋参所需氮、磷、钾比例大致为 2：0.5：3，这个比例中的氮、磷、钾来源包括土壤可利用养分和我们需施入的可利用养分。经检测，吉林省西洋参主产区土壤供肥特点是：全氮、碱解氮含量高，全磷含量较高，有效磷缺乏，有效钾中量或不足；因此，要控制氮肥、增施磷钾肥。磷在土壤中易被固定，所以磷的施用量要加大，这也就是在撒可富参肥中磷的含量远远大于氮和钾的原因。

四、西洋参施肥误区

西洋参合理施肥是关系到西洋参优质、高产至关重要的环节之一。是一个涉及土壤、肥料、西洋参营养特点、气候条件等多方面的复杂问题。化肥的不合理用，不仅会造成土壤板结、地温难以提高，而且往往还会造成烂根、参根短小、表皮粗糙等不良现象。近几年来西洋参洋参施肥普遍存在着以下严重问题。

1. 盲目施用豆饼（粉）

豆饼未经发酵腐熟就直接施用，往往会造成烧须、烂根，红锈严重。自然发酵的饼肥发酵不完全，养分利用率低，造成浪费。

2. 盲目施用化肥

所施肥料氮磷钾比例失调。有些参农就认二铵，其实二铵只含氮磷肥，没有钾肥，缺钾会降低光合作用，茎秆柔弱，根系发育不良，早衰，降低产量和品质。

盲目施氮。施用氮肥从叶面上来看效果明显，提苗快。有些参农追肥喜欢用氮肥含量高的肥料，但是氮肥过多，西洋参茎叶组织柔嫩，易徒长，易遭致病虫危害，开花和成熟延迟，不好管理，并且易烂根。

盲目加大化肥的施入量。化肥施入量过大往往会造成土壤板结、烂根、烧须等不良影响。

3. 叶面追肥代替根部施肥

优秀的叶面肥虽然有较为明显的增产效果，并且对于西洋参品质改善和抗逆性能增强也具有一定的促进作用，但它毕竟不能代替土壤施肥，只能是"锦上添花"而不是"雪中送炭"，它只能是在肥水供应充足、病虫害防治良好等高产措施基础上发挥综合效应。因此，叶面施肥应兼而顾之，不能代替土壤肥料的施用。

五、合理施肥

就目前西洋参安全优质生产的施肥，建议如下。

1. 饼肥的合理施用

将豆饼用留老根菌液、地恩地菌剂或优质 EM 菌发酵，配制成有机菌肥施用。配制 5406 菌肥：地恩地菌剂 1 千克 + 饼肥 10 千克 + 腐植土 100 ~ 200 千克。此肥可结合做床施用，一般林地每平方米施 5406 菌肥 1 ~ 2 千克，二茬林、老参地等土质较差的土壤必须施用并加量施用。

基肥可直接施用；追肥则必须发酵后施用。配制留老根参肥：留老根原菌液 100 千克＋豆饼 400 千克＋脱胶骨粉 80 千克＋腐殖土（或鹿粪）370 千克＋微肥 50 千克＋适量的水在温度 23℃以上时堆放 10～15 天。

2. 有机菌肥与化肥的合理配合施用

播种和新栽参地重视磷钾肥和生物有机肥的施用。可直接施用 5406 菌肥 1～2 千克或留老根 0.75～1.25 千克＋撒可富西洋参肥 0.4～0.5 千克/丈。2～3 年生或 4～5 年生苗：由于往年化肥的使用，土壤中农药和化肥的沉积，西洋参代谢物的增多和土壤中微量元素的不足，抑制了西洋参的正常生长。在氮磷钾肥配合使用的同时，应重视使用具有降解农药化肥残留、改善土壤品质、富含多种微量元素的菌肥，如 5406 菌肥 1～2 千克或留老根 0.75～1.25 千克＋撒可富西洋参肥 0.4～0.5 千克/丈。也就是应重施磷肥、配施钾肥、控施氮肥、兼施生物肥。对于黄土岗等有机质含量少的地块，可结合松土施 5406 菌肥 1～2 千克或留老根 0.75～1.25 千克＋撒可富西洋参肥 0.5～0.75 千克/丈。平地及低洼地可结合松土直接开沟施入 5406 菌肥 1～2 千克或留老根 0.75～1.25 千克＋撒可富西洋参肥 0.4～0.5 千克/丈。也可用撒可富西洋参肥 0.4～0.5 千克/丈或 45% 红三角 0.5 千克/丈。作货西洋参的施肥：合理补充速效性肥料，建议用撒可富西洋参肥 0.75 千克/丈（注：这里说的 1 丈为 5 平方米）实际上，肥料的效果跟参地土壤的养分、微生态环境等有密切的关系。应根据参地的实际情况，在重视生物有机肥与化肥相结合的同时，调整具体的施肥比例。

3. 施肥以农家肥为主

农家肥种类有猪粪、马粪、鹿粪、草炭、绿肥、树叶堆肥、苏子饼肥、黄豆饼肥等有机质含量高的肥料。这些肥料有改良土壤、加速西洋参生长、提高产量的作用。但同种肥料在不同地区、不同地块上表现不一样，应因地制宜地施用缺乏的肥料。

六、施肥方法

1. 基肥

有机肥多属持效性肥料，最好作基肥用。施用前必须充分腐熟，结

合倒土或做床均匀地拌入土壤即可；为了提高肥料利用率，可以只将肥料拌入栽参层土壤内。各种肥料的用量，要根据土壤肥力和肥料种类而定。猪粪中氮、磷、钾含量较高；马粪、鹿粪、堆肥和绿肥中有机质含量较多。一般土壤黏重、通气性差的可多施鹿粪、马粪、草炭、绿肥等有机质含量高的肥料；土壤疏松、肥力差的土壤可多施猪粪和鹿粪。马粪由于有机质含量高，纤维粗，质地疏松，通气良好，水分易蒸发，发热量大，属于热性肥料，干旱地块、岗地或干旱的年分及季节不宜多施，但在低洼地块和土壤含水量较大的条件下施用，增产效果明显。

2. 追肥

西洋参播种后，在土壤中要连续生长 4 年，单靠基肥一般不能完全满足其生长发育的需要，必须适时追肥，特别是 3 ~ 4 年生参苗，一般肥力都不足，只有适时追肥，才能达到丰产、稳产的目的。

追肥的方式有根侧追肥和根外追肥。

（1）根侧追肥。适于作根侧追肥的有过磷酸钙、饼肥、苏子肥。过磷酸钙与炒熟粉碎的苏子在春天结合松土时开沟施入行间，50 克 / 平方米左右，施后培土复原。饼肥中以豆饼肥为最佳，施用时先将豆饼放于发酵槽中发酵 7 天，使其充分腐熟，然后加水 30 ~ 40 倍，滤去残渣，开沟浇于行间，3 ~ 4 千克 / 平方米，待肥水浸入土壤后，培土复原。

（2）根外追肥。将肥料配成液体，均匀喷洒在叶面上，通过叶片吸收而达到增产的目的。这种方法肥料用量少，成本低，见效快。目前生产上应用较多的是磷酸二氢钾和各种叶面复合肥以及菌肥。磷酸二氢钾在西洋参生长中后期叶面喷洒，一般 2 ~ 3 次。而叶面复合肥从叶片展开开始，一般喷 5 ~ 7 次。

3. 施肥注意事项

有机肥一定要充分腐熟，禁止使用未腐熟的肥料。基肥最好在倒土时施入，避免边做床、边施肥、边栽参的做法。施肥后要充分倒土，使肥土均匀混在一起。根侧追肥时肥料切勿伤及芽孢及接触参根。追肥的地块要有适宜的土壤水分作前提，不要在高温加干旱地块的地块施肥。

第八节　水分管理

西洋参水分管理主要是防旱和排涝。

一、防旱

西洋参植株缺水后会严重影响生长，降低产量。在易干旱地块，畦床应稍矮些，床面要用落叶、稻草或铡碎的玉米秸秆等覆盖。参地缺水时可以浇灌，浇灌时要起早、贪晚进行，避开炎热的中午，浇灌要一次性浇透。放雨也是解决参地干旱行之有效的措施，放雨时要注意不能接雷阵雨，最好是小雨或中雨下一段时间后再接。接雨后一定要晾晒，参叶没有附着水时喷一遍药之后再把参膜扣上，复式棚特别适合放雨。

二、排涝

排涝措施是在参地四周挖排（截）水沟。高做床是解决参地产生涝灾的重要措施。每年雨季到来之前都要挖马道，清理排水沟。遇到涝灾，严重积水时可在低洼处的参床上挖排水沟将水排出，减少危害，可以通过放阳、撤除床面覆盖、松土的方法来减轻危害。

第九节　调　光

西洋参对光的需求与年生、温度有关。光饱和点随着年生的增加而增加，也就是说小年生西洋参对光强度的承受能力比大年生西洋参小。西洋参的光饱和点与温度也有关，温度低时，光饱和点大，也就是说，天越热、温度越高西洋参越不抗晒。所以，西洋参早春和晚秋温度低时，光照可以适当大些；而炎热的夏季，光照要小些，尤其是小年生西洋参和留种田，夏季要增加遮阳。西洋参遮阳棚的透光度，低纬度的平原地区要比高纬度、高海拔地区小一些（图 9-9-1）。

图9-9-1 西洋参田间生长照片

第十节 越冬防寒

西洋参怕缓阳冻，在东北一定要进行越冬防寒。防寒时，要控制参床土壤水分，秋季雨水多时要掌握好下膜时间，避免过多的雨水浇到参床，参床水分过多会降低参苗抗冻力。播种地、新栽地及陈栽地都要作越冬防寒。具体办法是在床面覆盖一层3~5厘米厚的稻草或落叶、铡碎的玉米秸等。在上冻前再压一层薄膜，上面用土压住。防寒的同时要将参地周围及作业道的排水沟清理干净，防止积水。春天下防寒物时要掌握时机，不能过早，也不能太晚，一般杏花开放时可以撤除防寒物。防寒膜要早点撤掉，防止温度高致使西洋参过早出苗而遭受冻害（图9-10-1）。

图9-10-1 西洋参防寒

第十章

采收、加工与贮藏

第一节　留种和采种

要选择 3~4 年生、长势旺盛、无病虫害的植株留种。

西洋参果实成熟后要及时采收。要采摘成熟饱满的果实作种用。参果成熟过程如下：绿色→紫色→鲜红色→紫红色，紫红色的参果成熟得最好，但遇风易脱落。当果实由绿色转为紫色，再转为鲜红色时，即可采收留种。采收过早，种子发育不好；采收过晚，果实易脱落，易遭鼠害。即使同一株西洋参的果实，其成熟期也远不一致，因此最好分批采收，成熟一批，采收一批，既保证种子质量又可避免损失。

采收后的果实要及时搓籽，去除果皮和果肉，留下成熟饱满的种子。搓洗参籽时要用水漂净果皮和果肉，同时漂去不成熟的种子。搓籽可用搓籽机搓洗，也可以人工搓洗。人工搓洗质量好于机器搓洗，可以避免种子因机械碾压而造成损伤，进而导致催芽过程中烂种。

第二节　参根收获时间

西洋参随着生长年限的增长，有效成分含量也在增长，但生长 5 年以后参根生长速度开始有所放缓，同时病害开始逐渐加重，保苗率降低，甚至减产；因此，从产量和经济效益上综合考虑，可以确定 4 年生时为参根采收年限。产区不同、种植环境和方法的不同，最佳采收时期也有所不同。东北产区一般在 9 月下旬至 10 月中下旬采收；河北、山东一般在 9~10 月中旬采收。这个时期采收的西洋参，参根中皂苷含量高，浆气足，加工折干率高，有利于加工出色佳、丰满、不抽沟、质地坚实的高品质原皮生晒参。

当地上茎叶已经开始枯萎、参园有半数叶片变黄时就要及时采挖。

采收时会有些过小的参，这部分参多为播种第二年出的苗，可将其移栽，1~2 年后再收获。

第三节　参根收获方法

先将地上部分枯枝落叶及床面覆盖物清理干净。床土湿度过大时，可晾晒 1～2 天。起参用具：镐、叉子、三齿子或起参机。人工起参时，先将床头和床帮的土刨起，再由参床的一头开始将西洋参刨出，边刨边拣，抖去泥土，掰掉残茎，运回分等加工。采挖时要力求保持根形完整，勿伤芽孢及参根，把泥土抖落掉。运回的参要放置在阴凉、避风处，尽早加工，严禁堆放。

第四节　茎叶收获

除了收获参根外，西洋参的茎、叶、花、果以及花蕾也得到开发利用。目前，利用最多的是西洋参茎叶，主要用于提取西洋参皂苷。收获参根的地块，可在收参前割取地上茎叶；其他地块，以在 10 月上旬参叶枯萎、参茎已经中空但未着霜前采收为宜。

第十一章

中农洋参1号简介

品种名称：中农洋参1号。

选育单位：中国农业科学院特产研究所、吉林中森药业有限公司、吉林农业大学。

品种来源：引进品种，1981年从美国威斯康星州引进种源。

主要植物学特性：根纺锤形，有分支。茎圆柱形，直立，绿色或紫色。种子千粒重35～40克。

主要生物学特性：喜阴植物，自然光照的20%～30%条件下生长良好。在汪清5月中上旬出苗，6月上中旬展叶，6月下旬现蕾，7月中上旬开花，7月下旬至8月上旬绿果期，8月中下旬至9月上旬果实成熟，9月中下旬开始枯萎，10月中旬进入休眠期。西洋参种子有休眠特性，从成熟到萌发一般须经14个月时间。

产量表现：1999—2006年延边州品种区域试验，四年生参根平均产量1.75千克/平方米。

质量表现：人参皂苷含量4.2%，挥发油0.23%。

栽培技术要点：

（1）选地。应选用地势高、质地疏松、肥沃、有机质含量较高的壤土或砂质壤土。

（2）整地。将树根、枝条清理完毕后耕翻、耙细、整平，结合耕翻施入腐熟的农家肥料，做1.2～1.4米宽的畦。

（3）播种。可春播与秋播，将处理好的裂口种子按照一定株、行距播种，播后细土盖种，秋播在每年的10月上旬至土壤封冻前完成。

（4）田间管理。

搭棚遮阴：栽培西洋参在生长期间需要搭设遮阳棚，避免强光和风、雹、雨水的侵袭。

追肥：6～8月生长旺盛期需要追施肥料。

松土除草：年松土除草3～4次。

灌溉与排涝：遇干旱及时浇水；雨季及时排除田间积水。

越冬防寒：在10月中下旬地上部分枯萎后，畦面覆盖5～10厘米稻草或树叶。

（5）**病虫害防治**。主要病害有立枯病、猝倒病、黑斑病、菌核病、锈病等。防治措施：消灭病菌来源，搞好田间卫生，春、秋季畦面用0.3%硫酸铜或高锰酸钾消毒。播种、移栽前对种子、种苗进行药剂消毒；生长期7~10天喷施药剂1次防病。

虫害主要有金针虫、蝼蛄、蛴螬等。防治措施：可用毒饵诱杀。

适栽区域：吉林省无霜期大于100天的中东部地区。

参考文献

刘继勇，等 .2015. 如何办个赚钱的西洋参家庭种植场［M］. 北京：中国农业科学技术出版社 .

李世，等 .2007. 人参与西洋参栽培［M］. 北京：中国三峡出版社 .

付建国，等 .2007. 西洋参栽培技术［M］. 长春：吉林省吉出书刊发行有限责任公司 .

袁崇文，等 .2001. 西洋参栽培与管理图说［M］. 贵阳：贵州科技出版社 .